青贮玉米标准化生产技术手册

◎李　源　编著

中国农业科学技术出版社

图书在版编目(CIP)数据

青贮玉米标准化生产技术手册 / 李源编著 . — 北京：中国农业科学技术出版社，2021.3
ISBN 978-7-5116-5181-5

Ⅰ . ①青… Ⅱ . ①李… Ⅲ . ①青贮玉米—栽培技术—标准化—手册 Ⅳ . ① S513-65

中国版本图书馆 CIP 数据核字（2021）第 024931 号

责任编辑 陶 莲
责任校对 马广洋
责任印制 姜义伟 王思文

出 版 者 中国农业科学技术出版社
北京市中关村南大街 12 号 邮编：100081
电 话 （010）82106625（编辑室）（010）82109702（发行部）
（010）82109709（读者服务部）
传 真 （010）82106625
网 址 http://www.castp.cn
经 销 者 各地新华书店
印 刷 者 北京建宏印刷有限公司
开 本 880mm × 1 230mm 1/32
印 张 1.875
字 数 44 千字
版 次 2021 年 3 月第 1 版 2021 年 3 月第 1 次印刷
定 价 28.00 元

河北坝上地区覆膜种植青贮玉米示范（徐占云　摄）

河北接坝地区覆膜种植青贮玉米示范（于清军　摄）

河北坝下地区青贮玉米长势（武瑞鑫　摄）

冀中南夏播区青贮玉米新品种展示（游永亮　摄）

青贮窖装填和压实示范（赵海明　摄）

地上式青贮窖密封和保存示范（李　源　摄）

《青贮玉米标准化生产技术手册》编著者名单

主　编　著：李　源（河北省农林科学院）

副 主 编著：王明亚（河北农业大学）

吴春会（河北农业大学）

编 著 人 员：

阎旭东（沧州市农林科学院）
郭郁频（河北北方学院）
张　玲（河北农业大学）
徐占云（河北北方学院）
董李学（唐山市食品药品综合检验检测中心）
赵海明（河北省农林科学院）
徐玉鹏（沧州市农林科学院）
刘廷辉（河北农业大学）
杨志敏（张家口市农业科学院）
昌艳萍（河北大学）
张　晨（河北北方学院）
田树飞（河北北方学院）
汤学英（唐山市食品药品综合检验检测中心）
王丽宏（河北农业大学）
刘桂霞（河北大学）
王连杰（沧州市畜牧技术推广站）
于清军（承德市动物疫病预防控制中心）
游永亮（河北省农林科学院）
武瑞鑫（河北省农林科学院）
李会彬（河北农业大学）
任永霞（河北北方学院）
乔　红（河北农业大学）
汤　晖（河北大学）
白金丽（沧州市畜牧技术推广站）
白　玥（沧州市畜牧技术推广站）
方金凤（任丘市农业农村局）
邢希双（唐山市食品药品综合检验检测中心）

作 者 简 介

李源，博士，河北省农林科学院旱作农业研究所副研究员，主要从事牧草育种及生产利用技术研究。现为河北省现代农业产业技术体系草业创新团队岗位专家，河北省“青年拔尖人才”，河北省“三三三人才工程”二层次人选，中国草学会饲料生产委员会理事，河北省畜牧兽医学会草学分会副秘书长。作为主研人，获河北省科技进步二等奖 2 项，三等奖 1 项；育成国审牧草新品种 5 个；获授权发明专利 3 项；制订河北省地方标准 5 项；发表论文 70 余篇，其中 SCI 收录 3 篇；参编著作 5 部。

前　言

青贮玉米作为奶牛重要的日粮组成成分，具有产量高、营养价值高、消化率高的特性。近几年，随着河北省奶业振兴、粮改饲项目的实施和推进，青贮玉米种植面积不断扩大。然而，由于缺乏关键生产技术支撑，导致青贮玉米种植加工过程中问题不断，如引种不科学导致品种年际间差异大、稳产性差；栽培技术不合理，导致田间种植用水、用肥、用药成本增加；收获加工技术不规范，导致青贮制作质量不高、浪费现象严重等。因此，要实现河北省奶业高质量的发展，从源头上来讲必须建立标准化的青贮玉米生产技术体系。

河北省现代农业产业技术体系草业创新团队立足生产实际，在对青贮玉米品种选择、高效栽培、病虫草害绿色防控、收获加工以及青贮质量评价、生产经济效益等方面进行研究与集成基础上，撰写了《青贮玉米标准化生产技术手册》一书，详细阐述了青贮玉米标准化生产利用技术及关键把控要点，以期为广大种养殖人员、技术人员提供简单有效、操作性强的实用技术，助推青贮玉米生产提质增效。

本书是在编著者查阅相关文献，结合研究数据的基础上编著而成，由于水平有限，书中难免有疏漏之处，敬请读者批评指正。

编著者

2020 年 8 月

规范性引用文件

本技术标准规范性引用文件：

GB / T 25882—2010　青贮玉米品质分级

DB 14 / T 954—2014　青贮玉米栽培技术规程

DB 15 / T 410—2019　青贮玉米栽培技术规程

DB13 / T 1799—2013　冀北坝上地区青贮玉米栽培技术规程

DB 15 / T 1585—2019　青贮玉米饲用价值评定

DB 11 / T 258—2005　夏播青贮玉米生产技术规程

GB / T 3543.4—1995　农作物种子检验规程　发芽试验

GB 15671—2009　农作物薄膜包衣种子技术条件

NY / T 496—2010　肥料合理使用准则　通则

NY / T 1276—2007　农药安全使用规范　总则

GB / T 8321（所有部分）农药合理使用准则

NY / T 503—2015　中耕作物单粒（精密）播种机作业质量

GB / T 6432—2018　饲料中粗蛋白的测定　凯氏定氮法

GB / T 20194—2018　动物饲料中淀粉含量的测定　旋光法

GB / T 20806—2006　饲料中中性洗涤纤维（NDF）的测定

NY / T 1459—2007　饲料中酸性洗涤纤维（ADF）的测定

T / CAAA 005—2018　青贮饲料　全株玉米

目　录

第一章

品种选择技术

一、青贮玉米的概念

青贮玉米指用于制作青贮饲料的玉米，在玉米生长到蜡熟期，收获包括果穗在内的整株玉米，经切碎加工和贮藏发酵，调制成青贮饲料的玉米原料。青贮玉米可来自籽粒玉米、粮饲兼用玉米或专用青贮玉米。

青贮玉米与玉米青贮是含义不同的两个概念，玉米青贮是指以青贮玉米为原料，经厌氧发酵后制作好的青贮饲料产品，颜色黄绿、气味酸香、柔软多汁、适口性好，具有较高的能量和较好的利用率，是奶牛、肉牛、肉羊等草食动物重要的能量型青贮饲料产品。

二、优质青贮玉米品种的基本条件

优质青贮玉米品种必备的基本条件有以下几点。

1. 农艺性状

主要表现为茎秆粗壮，植株高，叶片多，果穗籽粒行数多，秃尖少，抗病、抗倒性强。

2. 品质性状

蜡熟期收获时，品质一般要达到以下条件：干物质含量30%左右、淀粉含量30%左右、中性洗涤纤维含量≤45%、酸性洗涤纤维含量≤23%、中性洗涤纤维消化率≥50%、粗蛋白含量≥7%等。

3. 饲喂品质

一般需要适口性好、消化率高的品种，发酵后饲料转化率高。

三、河北省青贮玉米种植区划

根据河北省不同生态类型区的气候特点，以及草食畜牧业发展对优质青贮玉米品种的需求，可将河北省青贮玉米种植区划分为坝上高原区、北部春播区和冀中南夏播区3个不同生态类型区。

坝上高原青贮玉米种植区：主要指的是张家口、承德的坝上地区，包括张家口市的张北县、康保县、尚义县、沽源县、察北管理区、塞北管理区及承德市的围场满族蒙古族自治县、丰宁满族自治县的坝上地区和御道口牧场管理区。该地区无霜期短（90~120天），有效积温低（一般低于2 400℃），降水量小（平均降水量400毫米）。

北部青贮玉米春播区：是指海拔600米以下的燕山丘陵区，包括张家口、承德的坝下地区，以及冀东平原的秦皇岛、唐山部分地区。该地区雨热资源相对丰富，耕作制度属一年两作不足、一年一作有余的地区。

冀中南青贮玉米夏播区：是指河北省中南部山前平原及黑龙港流域，包括唐山部分地区以及廊坊、保定、沧州、衡水、石家庄、邢台、邯郸等夏播玉米区。该区光照充足、雨热资源丰富、降水量 500 毫米左右，耕作制度属一年两熟的地区。

四、青贮玉米品种选择方法

好的青贮玉米品种选择应从生态条件、品种特性、饲喂效果以及审定情况等方面进行考虑，主要选择依据如下。

1. 结合生态区气候特征选择适宜的品种

河北省从北部坝上高原到中南部平原农区，生态差异大，气候多样。坝上地区应选择生育期短的极早熟或者早熟青贮玉米品种，北部春播区应多选用生育期较长的中晚熟青贮玉米品种，冀中南夏播区应多选用生育期较短的中、早熟品种。

2. 结合种植模式选择适宜的品种

青贮玉米品种的选择除考虑生态气候特征外，还应结合不同的种植模式来选择适宜的品种。如不同生态区覆膜种植以及复种模式对青贮玉米品种的要求，以此选择出搭配合理的青贮玉米品种。

3. 结合农艺性状选择适宜的品种

青贮玉米品种的选择一般对农艺性状的要求为：株高较高、叶片较多、叶面积大、生物产量高，同时要求稳产性好，抗病、抗倒性强。

4. 结合饲喂目的选择适宜的品种

根据饲喂动物的不同选择不同青贮玉米品种。如饲喂奶牛，应尽量选择全株淀粉含量高、消化率高的青贮玉米品种；而饲喂肉牛、肉羊，可不必过分追求青贮玉米淀粉含量。

5. 结合品种审定情况选择适宜的品种

首要选择国家或省级以上农作物品种审定委员会审定的青

贮玉米品种。因为这些品种在当地已经过多年多点鉴定，品种的遗传性状比较稳定，同等条件下有利于高产稳产。

五、河北省不同生态区青贮玉米品种推荐

结合多年研究及参考相关文献，初步筛选出了适合河北省不同生态区种植的青贮玉米品种，推荐如下。

1. 适合坝上地区种植的青贮玉米品种

德美亚 1 号、德美亚 2 号、利合 16、利合 228、华美 2 号、方玉 1201 等。

2. 适合北部春播区种植的青贮玉米品种

金岭青贮 10、东单 1331、方玉 36、北农青贮 368、禾玉 9566 等。

3. 适合冀中南夏播区种植的青贮玉米品种

大京九 26、京科青贮 932、北农青贮 368、东单 1331、洰丰 185、津贮 100 等。

第二章

高效栽培技术

一、播前准备

1. 耕地选择

河北省坝上及接坝地区的耕地多为坡地或丘陵地块，青贮玉米一般选择在坡度25°以下的耕地种植。平原农区地势平坦，青贮玉米多种植在交通便利、土地肥力好的地块，一般要求土壤pH值6.3~7.8，土层深厚、具有较好的排灌设施。

2. 精细整地

青贮玉米播前需精细整地，减少明暗坷垃，当耕层（0~20厘米）土壤含水量达到田间最大持水量的60%~70%时，可采用“深松+旋耕”的方式整地，深松要求每2~3年一次即可，深度40厘米以上，旋耕要求一般耕深15厘米，达到土壤细碎，地面平整即可。麦茬地夏播青贮玉米可采用免耕播种技术，要求麦茬高度不超过20厘米，选用带有麦秸清垄装置的玉米精量播种机播种即可。

3. 施足底肥

结合旋耕，底肥施有机肥每亩（1亩≈667米^2）1 000~1 500千克；同时施用具有缓释性能的复合肥料每亩40千克

（其中 N、P、K 含量分别为 26%、10%、12%）。冬小麦收获后免耕播种青贮玉米，结合播种施肥，每亩施用玉米复合肥 40 千克（其中 N、P、K 含量分别为 22%、15%、8%）。

二、播种技术

1. 播种时期

春播青贮玉米一般在土壤 5~10 厘米的温度稳定在 10℃时可播种，适宜播种温度下，要力争早播。若覆膜播种种植，可提早 10 天左右。夏播青贮玉米则季节性较强，既要保证前茬作物的充分成熟，又要不影响下茬作物的播种，所以要抢时播种，以争取更多光热资源，同时还能利用前茬作物的水分、养分资源。有条件的要争取麦收后当天完成播种工作。注意根据冬小麦播种时间和玉米生育期控制最晚播种时间。

2. 土壤墒情

一般当耕层（0~20 厘米）土壤含水量达到田间最大持水量的 60%~70% 时即可播种。

3. 种子质量

青贮玉米种子要求大小均匀，籽粒饱满，纯度不低于 97%，发芽率不低于 93%，这样播种后不容易出现缺苗断垄。

4. 种植模式

河北省中南部地区采用等行距种植或宽窄行种植模式。坝上地区是农牧业生产结合区，无霜期短、有效积温低，生长季短，降水量少，传统种植青贮玉米难以达到全株收获，且生物量低。在选用生育期较短的适宜品种的基础上，结合相应的种植模式，可以实现全株青贮玉米的增产提质。在有灌溉条件的地块可采用全膜（半膜）一垄双沟膜下滴灌水肥一体化种植模式，可在 4 月中下旬开始播种；在无灌溉的旱作种植区，可采用河北省草业创新团队研发的起垄覆膜旱作种植模式，起到集雨、保墒、增温、早播、增产、提质的作用。结合播种每亩底施缓释性复合专用肥 40 千克，中后期结合降雨及时追肥。根据品种特性，密度一般掌握在 5 000~6 000 株 / 亩（图 2-1 和图 2-2）。

图 2-1　坝上地区一垄双沟膜下滴灌种植模式（阎旭东　摄）

图 2-2　坝上地区青贮玉米起垄覆膜种植模式（阎旭东　摄）

在低平原雨养旱作区建议采用河北省草业创新团队研发的春玉米起垄覆膜宽窄行种植模式。宽行 70 厘米，窄行 40 厘米。宽行起垄覆膜，窄行膜侧播种。利用该技术，可有效地起到集雨保墒、通风透光的作用，变春季无效降雨为有效降雨，克服“卡脖旱”，显著提高了对自然降雨的利用率，增产稳产效果明显。以上不同种植模式均需配套的多功能联合作业播种机一次性完成全部播种作业（图 2-3）。

图 2-3　春播青贮玉米起垄覆膜种植模式（阎旭东　摄）

5. 种植密度

全株青贮玉米种植密度一般根据种植土壤地力水平、品种特性、气候条件和管理水平合理密植。株型紧凑品种，种植密度大一些，植株高大、叶片平展的品种种植密度不宜过高。土壤地力较差的地块，种植密度不宜过高。同时高密度种植有益于提高青贮玉米的生物产量，但同时会导致青贮玉米的品质下降。综合考虑，青贮玉米种植密度以 5 000 株 / 亩为宜，耐密品种可增至 5 500 株 / 亩（表 2-1）。

表 2-1　全株青贮玉米等行距播种株距计算

种植密度（株 / 亩）	平均株距（厘米）					
	45	50	55	60	65	70
4 500~5 000	30~33	27~30	24~27	22~25	21~23	19~21
4 000~4 500	33~37	30~33	27~30	25~28	23~26	21~24
3 500~4 000	37~42	33~38	30~35	28~32	26~29	24~27

引自：李少昆，石洁，崔彦红，等，2011. 黄淮海夏玉米田间种植手册［M］. 北京：中国农业出版社。

6. 机械化播种

常用玉米播种机按照排种器原理分为机械式和气力式播种机。

（1）机械式精量播种机。多采用勺轮式精量播种机，配套动力 12~30 马力（1 马力 ≈ 735 瓦），作业速度不高于 3 千米 / 小时（图 2-4）。

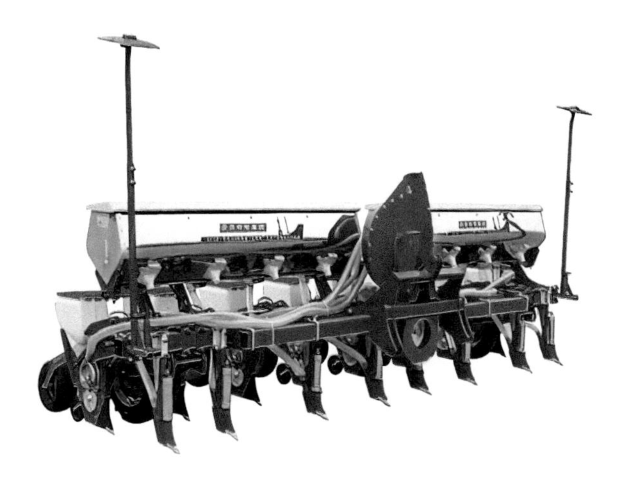

图 2-4　机械式精量播种机

（2）气力式播种机。分为气吸式播种机和气吹式播种机。播种机单体采用仿形机构，开沟、播种、覆土、镇压效果好，田间作业通过性好，各行播深一致（图 2-5）。

图 2-5　气力式精量播种机

7. 机械播种技术

全株青贮玉米机械化播种一播全苗是实现青贮玉米高产稳产的关键。播种作业时考虑的主要因素有播种机械作业状态、播种量、种子均匀度、播种深度和镇压程度。

（1）播种机播前检查。播前需要对播种机进行仔细检查和调试，防止在播种过程中出现卡种、籽粒破碎或者下种量不匀等现象，避免出现缺苗断垄。

（2）播种质量要求。单粒播种对土壤水分、整地水平、气温、土壤病虫害以及草害等环境条件要求严格。播种时种子落土位置过深或过浅、镇压不实、悬空以及漏播等情况会影响播种质量。播种前一定要精细整地，耕深一致，地表平整，表土土壤细碎。

（3）播种深度。根据土壤墒情确定播种深度，以播种镇压后计算播种深度。做到播深一致，种子要播入湿土中。生产中一般播种深度在3~5厘米，沙性土稍深、黏质土稍浅；墒情差稍深、墒情好稍浅，但是不能低于3厘米。

（4）田间作业要求。播行要直，行距一致。地头整齐，不重播、不漏播。联合播种时一次性做到施肥、播种、喷洒除草剂作业。

三、田间管理技术

青贮玉米生长阶段分为营养生长和生殖生长阶段。营养生长阶段分为苗期、拔节期（叶片期）。生殖生长阶段分为抽穗期、吐丝期、乳熟期、蜡熟期、完熟期。根据青贮玉米的不同生长时期，进行合理田间管理，采取不同的水肥管理和调控措施，确保青贮玉米正常生长并取得较高的产量。

在青贮玉米生长的关键时期，即大喇叭口期到抽穗期，玉米植株快速生长，田间管理方面不能缺水。抽穗期的青贮玉米，需要充足的水分和养分，该生育阶段决定玉米果穗大小及籽粒数量。此时生长环境的胁迫对玉米生长极其敏感，尤其水分、营养和气温等因素。

1. 施肥管理

施肥管理的主要目的是为了促进叶片、茎秆和玉米果穗快速地生长，保证玉米叶大、色深、植株粗壮，能够在玉米生育期内促进玉米茎叶的快速生长，不断提高青贮玉米的干物质产量和质量。

在对青贮玉米田测土基础上建议进行配方施肥。施肥技术要保证养分充足、平衡、合理。生产中可以根据青贮玉米的目标产量、全生育期生长需肥量、土壤基础肥量、肥料利用率和该批次肥料的养分含量计算出施肥量，然后将现有的肥料进行科学配比，用于青贮玉米生产（表2–2）。

表2–2　收获1吨青贮玉米（30%干物质）所需要的养分

植株养分	每吨青贮玉米需要的养分量（千克/吨）
氮（纯N）	4
磷（P_2O_5）	1.5
钾（K_2O）	3.5
硫（S）	0.5
锌（Zn）微量元素	0.009

引自：孙洪仁，赵雅晴，曾红，等，2018. 青贮玉米施肥的理论和技术[J]. 中国奶牛（12）：56–58。

施肥方法：开沟追肥或在有效降雨前地表撒施，有条件的要采取分阶段施肥，分层施肥。底肥或者苗期追肥一般施入全部磷肥、钾肥和40%的氮肥，如果后期不追肥，可以使用长效或缓释尿素。拔节—大喇叭口期追肥主要追施速效氮肥，追肥量根据地力、玉米长势等确定，一般施入总氮量的60%。施肥一般在玉米行侧10厘米左右深施，施肥深度10厘米。可采用中耕施肥机进行施肥作业。

2. 水分管理

玉米苗期植株对水分需求量不大，需水量占一生需水量的15%，可忍受轻度干旱胁迫，在播前墒情好或者播种后浇水的地块不需要补充灌溉。遇涝要及时排水。玉米生长进入抽穗期后，植株对水分的需求量增大，平均每日每亩需水量在3米^3

左右。特别是抽雄期需水最多，是需水的临界期，占全部需水量的45%~50%，干旱造成果穗有效花丝数量和粒数减少，还会造成抽雄困难，形成“卡脖子”，因此，根据天气情况和土壤墒情进行灌溉管理，在抽穗期结合追肥浇水，使土壤含水量保持最大持水量的70%左右，可以促使玉米形成较大的叶面积，增强光合势，降低呼吸强度，有利于干物质的积累；抽穗期浇水，不仅能满足玉米对水分的迫切需要，而且能改善株间小气候，提高花粉的生活力，缩短雌、雄穗抽出间隔期，使授粉良好，减少玉米秃顶现象。

3. 化控措施

化控可以调节玉米生长发育进程，降低植株高度，提高抗倒伏能力，但对生物产量和秸秆品质会产生一定影响，在青贮玉米种植区，一般不使用化控手段。在一些特殊地区，如经常发生倒伏的风道地段区，可适当使用化控。

第三章

病虫草害防控技术

一、青贮玉米主要病害类型及防治要点

（一）不同耕作类型区青贮玉米主要病害类型

春播种植区主要病害为玉米大斑病和玉米丝黑穗病，此外，玉米弯孢叶斑病和茎腐病在局部地区发生严重。

夏播种植区主要病害包括玉米小斑病、玉米褐斑病、玉米弯孢叶斑病、玉米穗腐病、玉米茎腐病、玉米顶腐病和玉米瘤黑粉病等。此外，南方锈病在有的年份发生严重。

（二）主要病害发生特点、症状及防治要点

1. 玉米大斑病（图 3-1）

发生特点：玉米大斑病以侵染玉米叶片为主，也侵染叶鞘、果穗苞叶，严重时候甚至侵害玉米籽粒。发病阶段主要在玉米抽穗吐丝后，病斑多从植株的下部叶片开始发生，随着植株的生长，下部叶片病斑增多，中部叶片也逐渐出现病斑。当田间湿度高，温度低时，植株上部叶片也会被严重侵染。20~25℃是大斑病发病的适宜温度，高于 28℃时病害发生受到抑制。田间相对湿度在 90% 以上时，有利于病害的发生。河北春播青贮玉米种植区，6—8 月大多适宜大斑病的发生，若

图 3-1　玉米大斑病（刘廷辉　摄）

7—8 月遭遇温度偏低、连续阴雨、日照不足的气候条件，大斑病极易发生和流行。

病害症状：当玉米叶片被侵染后，发病部位初为水渍状或灰绿色小斑点，病斑沿叶脉扩大，形成黄褐色或灰褐色梭状的萎蔫型大病斑，病斑周围无显著变色。病斑一般长 5~10 厘米，有的可达 20 厘米以上，宽 1~2 厘米，有的超过 3 厘米，横跨数个小叶脉。田间湿度大时，病斑表面密生黑色霉状物。叶鞘和苞叶上的病斑多为梭形，灰褐色或黄褐色。发病严重时，全株叶片布满病斑并枯死。

防治要点：采用农业防治时，应施足底肥，增施磷钾肥，提高植株抗病性，也可与其他作物间套作，改善玉米的通风条件，减少病原菌侵染。采用药剂防治时，因玉米植株高大，化学防治大斑病比较难实施。在病害常发区，建议在大喇叭口后期，连续喷药 1~2 次，每次间隔 7~10 天。常用药剂有 25% 丙环唑乳油、25% 嘧菌酯悬浮剂、25% 吡唑嘧菌酯乳油、10% 苯醚甲环唑水分散粒剂以及 70% 代森锰锌可湿性粉剂、70% 氢氧化铜可湿性粉剂、50% 多菌灵可湿性粉剂、57% 百菌清可湿性粉剂、70% 甲基硫菌灵可湿性粉剂等，用量参照产品的推荐用量。

2. 玉米小斑病（图 3–2）

发生特点：玉米小斑病菌主要侵染玉米叶片，也侵害叶鞘、果穗苞叶和籽粒。当环境温度达到 20~32℃、多雨高湿时，叶片表面存在游离水的条件下，病菌极易侵染。玉米小斑病主要导致叶片上形成大量的枯死病斑，严重破坏叶片光合能力而引起减产，病菌影响全株玉米青贮质量。

病害症状：病菌侵染初期，在叶片上出现分散的水渍状

图 3–2　玉米小斑病（李会彬　摄）

病斑或褪绿斑。叶片上常见症状有 3 种：① 病斑受叶脉限制，椭圆形或近长方形，黄褐色，边缘深褐色，大小长度为 10~15 毫米，宽度 3~4 毫米；② 病斑不受叶脉限制，多为椭圆形，灰褐色；③ 病斑为小点状坏死斑，黄褐色，周围有褪绿晕圈。

防治要点：可参照玉米大斑病防治要点。

3. 玉米弯孢叶斑病（图 3–3）

发生特点：玉米弯孢叶斑病属于高温高湿病害。病菌最适宜发生温度为 30~32℃；相对湿度低于 90% 时，病菌分生孢子很少萌发或不萌发。青贮玉米全生育期均可发病，但多在成株期发病，春播青贮玉米种植区，玉米抽雄期在 7 月上旬，田间温度高，降雨多的天气条件有利于病菌侵染和植株发病。夏播青贮玉米种植区，7—8 月雨热同步，弯孢叶斑病非常容易发生和流行。在河北省该病发病高峰期在 8 月中下旬至 9 月上

图 3–3　玉米弯孢叶斑病（刘廷辉　摄）

旬，高温、高湿、降雨较多的年份有利于发病。

病害症状：玉米弯孢叶斑病主要侵染植株叶片，也侵染叶鞘和苞叶。叶片病斑初期为水渍状病斑或淡黄色透明小点，之后扩大成圆形至卵形，直径 1~2 毫米，中央乳白色，边缘淡红褐色或暗褐色，具有明显的褪绿晕圈。病斑大小一般为宽 1~2 毫米，长 2~5 毫米，病斑扩展受叶脉限制。

防治要点：可参照玉米大斑病防治要点。

4. 玉米褐斑病（图 3–4）

发生特点：褐斑病是一种土传病害，病菌发生主要受温度、湿度、降水量、品种抗性等影响。夏播青贮玉米种植区，7 月雨量大小决定褐斑病初始病斑出现时间，尤其是暴雨后更有利于病菌侵染。田间温度 23~30℃、相对湿度 85% 以上时，病害扩展迅速，发病严重。另外，农田土壤贫瘠和潮湿、地势

图 3–4　玉米褐斑病（王丽宏　摄）

低洼的地块发病较严重。7—8月高温、多雨年份，褐斑病易流行。

病害症状：玉米褐斑病病斑主要出现在玉米叶鞘上，也能在叶片、茎上发生，茎上病斑多出现茎节附近，呈深紫色或黑色。褐斑病一般在玉米生长的中后期发病，病斑集中在叶鞘上，扩展缓慢，一般不易造成产量损失；从抽雄开始至乳熟期为症状高峰期，病斑初期为水渍状，不规则，后期病斑为红褐色至紫褐色，微隆起，大小不一，多为3~4毫米，严重时候病斑可连成不规则大斑，影响植株养分传输。

防治要点：田间管理上，应及时排出田间积水，降低田间湿度，合理施肥，提高植株抗病性，必要时，实行3年以上轮作。当田间病株率低于10%时，对产量影响不大，不必防治。田间化学防治应在玉米3~5叶期，或者病害症状发生初期进行，可选用药剂有苯醚甲环唑、丙环唑、三唑酮、代森锰锌、噁霉灵等。

5. 玉米顶腐病

发生特点：玉米顶腐病通过种子、植株病残体和带菌土壤进行年度间病害传播。玉米顶腐病在玉米苗期至成株期均可发生。

病害症状：苗期症状，植株表现不同程度矮化，叶片失绿、畸形、皱缩或扭曲；边缘组织呈黄化条纹和刀削状缺刻，叶尖枯死；重病苗枯萎或死亡，轻者叶片基部腐烂，边缘黄化，沿主脉一侧或两侧形成黄化条纹。叶基部腐烂仅存主脉，中上部叶片完整呈蒲扇状，以后生出的新叶顶端腐烂。成株期发病，植株矮小，顶部叶片短小，或卷缩成长鞭状，有的叶片包裹成弓状，有的顶部几个叶片扭曲缠结不能伸展，缠结的叶片呈撕裂状。轻病株可结实，但结籽少，重病株不能抽穗。

防治要点：种子处理，可选用含有三唑酮、烯唑醇的可湿性粉剂拌种，并可兼防玉米丝黑穗病，也可以用百菌清、多菌灵、代森锰锌可湿性粉剂拌种。喷雾防治时，在发病初期可用多菌灵、代森锰锌可湿性粉剂喷施，有一定的防治效果。

6. 玉米穗腐病

发生特点：玉米穗腐病是青贮玉米生产中的重要病害之一，在夏播青贮玉米种植区发生非常普遍，特别是在玉米灌浆成熟阶段遇到连续阴雨天气，一些品种 50% 的果穗可发生穗腐病，严重影响青贮玉米产量和品质。

病害症状：玉米穗腐病侵染果穗，表现为部分或整个果穗腐烂，发病籽粒上可见黄绿色、松散、棒状的病原菌结构。

防治要点：加强田间管理，及时收获，防虫控病，控制玉米螟、桃蛀螟等害虫对穗部的为害，能够有效减少穗腐病的发生。

二、青贮玉米主要虫害类型及防治要点

（一）不同耕作类型区青贮玉米主要虫害种类

春播青贮玉米种植区主要害虫为玉米螟、黏虫和地下害虫，玉米蚜虫和双斑萤叶甲也是该区重要的害虫。夏播玉米种植区主要害虫为玉米螟、地下害虫、蓟马、玉米蚜虫、棉铃虫、桃蛀螟和二点委夜蛾等。

（二）主要虫害特征特性及防治要点

1. 玉米螟（图 3-5）

发生特点：玉米螟以幼虫为害玉米。幼虫共 5 龄，老熟幼虫体长 25 毫米左右，头深褐色，体背为浅褐色或浅黄色，有

3 条纵向背线。胸部第二、第三节各有毛瘤，腹部第一至第八节各有毛瘤两排，前排 4 个，后排 2 个，第九腹节有毛瘤 3 个。玉米螟 1 年发生多代，为害玉米植株地上部分，取食叶片、果穗、雄穗，钻蛀茎秆，造成植株生长受害，减少养分等向果穗的输送。

为害状：4 龄前幼虫喜欢在玉米心叶、未抽出的雄穗处为害。被害心叶展开后，可见幼虫为害形成的排孔；雄穗抽出后，呈现小花被毁状。4 龄后幼虫以钻蛀茎秆和果穗、雄穗柄为主，在茎秆上可见蛀孔，蛀孔外常有玉米螟钻蛀取食时的排泄物，茎秆、果穗柄被蛀后易引起折断。幼虫主要在茎秆内化蛹。

防治要点：生物防治时，在玉米螟卵孵化阶段，玉米大喇叭口期，用白僵菌或 Bt（苏云金芽孢杆菌）防治；诱杀

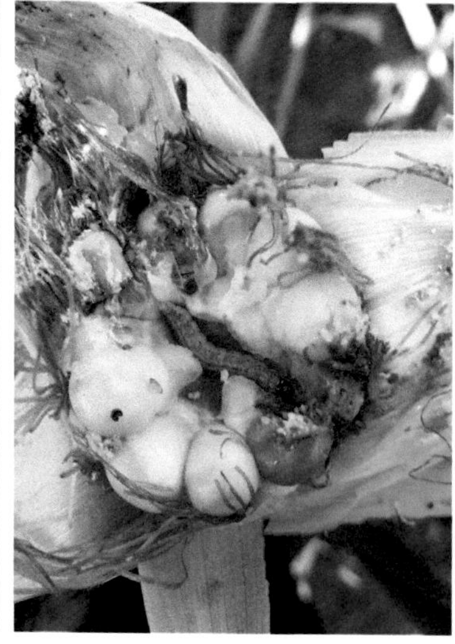

图 3-5　玉米螟幼虫及为害状（刘廷辉　摄）

成虫时，在成虫发生期，采用黑光灯或性诱技术，能够诱杀大量成虫，减轻下代玉米螟为害。药剂防治时，可以在大喇叭口期使用辛硫磷、菊酯类等颗粒剂拌细土撒入喇叭口内。

2. 黏虫（图 3–6）

发生特点：黏虫以幼虫为害玉米，幼虫有 6 龄，老熟幼虫体长 35 毫米左右。幼虫有多种体色，如黄褐色、黑褐色等，背上具有 5 条纹，头部有一黑褐色“八”字纹。黏虫具有迁飞特性，其每年的发生均是由南向北逐渐推移，然后害虫再向南迁飞越冬。黏虫取食各种作物叶片，大发生时，可以将叶片吃光，造成严重的生产损失。

为害状：夏播青贮玉米种植区，小麦成熟后，黏虫向玉米地迁移，1~2 龄幼虫为害叶片造成空洞，3 龄以上幼虫为害玉米叶片后，被害叶片呈现不规则的缺刻，暴食时，可吃光

图 3–6　玉米黏虫及为害状（王丽宏　摄）

叶片。

防治要点：在玉米苗期，当幼虫数量达到20~30头/百株时，后期50头/百株时，在幼虫3龄前，及时喷施杀虫剂。常采用多种农药复配进行防治，如甲维盐+辛硫磷+高效氯氟氰菊酯或阿维菌素+高效氯氟氰菊酯，稀释倍数依照产品说明。

3. 棉铃虫（图3–7）

发生特点：棉铃虫以幼虫钻蛀玉米而造成为害。幼虫有5龄，成熟幼虫体长32~50毫米，背部黄褐色或其他多种颜色，体色有绿色、浅绿色、黄白色或浅红色，背部有2条或4条条纹，各腹节有刚毛疣12个。1年发生3~7代，为害200多种植物，属于杂食性害虫。

为害状：棉铃虫主要钻蛀玉米果穗，也取食叶片，取食量

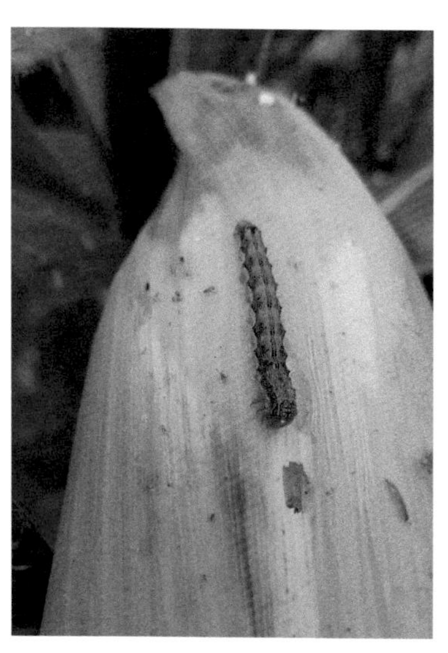

图3–7　棉铃虫（刘廷辉　摄）

明显较玉米螟大，对果穗造成的损害更突出。幼虫取食叶肉或蛀食展开的新叶，造成“花叶”。

防治要点：在卵孵盛期至 2 龄幼虫时期喷药防治，以卵孵盛期喷药效果最佳，每隔 7~10 天喷 1 次，共喷 2~3 次。可选用下列药剂：阿维菌素乳油、高效氯氟氰菊酯乳油或每亩 16 000 国际单位 / 毫升苏云金芽孢杆菌可湿性粉剂 100~150 克。

4. 双斑萤叶甲（图 3-8）

发生特点：双斑萤叶甲成虫长卵圆形，体长 3.5~4 毫米，棕黄色，具有光泽。头胸部红褐色。鞘翅上半部为黑色，上有 2 个黄色斑点，鞘翅下半部为黄色。属于杂食性害虫，1 年发生 1 代。以卵在土中越冬。

为害状：双斑萤叶甲成虫为害玉米叶片，造成玉米缺刻或

图 3-8　双斑萤叶甲（王丽宏　摄）

空洞。

防治要点：可以选用50%辛硫磷乳油、10%吡虫啉可湿性粉剂、高效氯氟氰菊酯乳油等进行喷雾防治，也可选用25%噻虫嗪水分散粒剂。

5. 二点委夜蛾

发生特点：二点委夜蛾是夏玉米苗期的新发害虫。该虫的卵较小，长0.4毫米左右，宽0.6毫米左右，直径不到1毫米，不易识别，调查难度大。二点委夜蛾喜欢潮湿环境，田间湿度大有利于该虫产卵、孵化及幼虫发育。二点委夜蛾为害高峰期在6月中旬至7月上旬。

为害状：幼虫为害玉米，啃食刚出苗的嫩叶，形成孔洞叶；咬食玉米茎部，形成一个孔洞；咬食根部，小苗根颈易被咬成3~4毫米圆形或椭圆形的孔洞，导致疏导组织破坏，心叶萎蔫，植株倒伏或者萎蔫死亡。

防治要点：用含有噻虫嗪等内吸作用的种衣剂包衣或拌种。播后苗前全田喷施杀虫剂，可选用高效氯氟氰菊酯、氯虫苯甲酰胺悬浮剂地面喷雾。苗后喷雾，在玉米3~5叶期，用甲维盐微乳剂顺垄直接喷淋玉米苗茎基部，可杀死大龄幼虫。

6. 地下害虫

发生特点：青贮玉米田主要地下害虫有蛴螬、金针虫、地老虎等。蛴螬成虫通常称金龟甲或金龟子，1年发生1代。金针虫生活史很长，常需2~5年才能完成1代，田间终年存在不同龄期的幼虫。金针虫喜欢在土温11~19℃的环境中生活，在4月、9月和10月为害严重。地老虎喜温暖潮湿的环境，一般以春秋两季为害较重。

为害状：地下害虫主要为害植株地下部组织，毁坏萌发的种子，咬断茎秆，导致幼苗死亡，常造成严重的缺苗断垄。

防治要点：采用农业防治时，春播青贮玉米区，秋后深翻，减少越冬虫源；药剂防治时，利用播前药剂拌种，如辛硫磷乳油，依照产品推荐用量施用。

三、青贮玉米杂草综合防控技术

河北省青贮玉米田主要杂草为灰绿藜、狗尾草、刺菜、马唐、反枝苋、马齿苋、牛筋草、稗草、刺儿菜、猪毛菜、田旋花、黍子、野荞麦、小芦苇、节节草、问荆、赖草、苣荬菜、蒲公英等。杂草防治应实施农药减量绿色防控技术，主要在以下两个关键生育期进行防治。

（一）苗前杂草防治

青贮玉米播种后出苗前土壤湿润、墒情适宜时趁墒对青贮玉米田进行“封闭”除草。阴天全天候喷雾，晴天选择上午 9:00 前或下午 4:00 后喷洒玉米除草剂。可选用 20% 异噁唑草酮悬乳剂 25 毫升 / 亩，或用 900 克 / 升乙草胺乳油 66.7 毫升 / 亩，2,4-D 丁酯乳油 59~100 毫升 / 亩喷于土表。

（二）苗后杂草防治

在玉米 3~5 叶期，阔叶杂草 2~6 叶期，禾本科杂草 3~5 叶期，上午进行茎叶处理用药。采用 30% 硝 · 烟 · 莠去津可分散油悬剂按 90 毫升 / 亩（比常规用药量减少 25%）兑水 30~50 千克，或用 30% 甲酰胺基嘧黄隆水分散粒剂，按照 11 克 / 亩用量，茎叶喷雾处理防治田间杂草。

第四章

青贮制作技术

青贮玉米常见的青贮方式主要有：窖贮、裹包青贮、堆贮3种形式（图4-1），其中窖贮又可分为地上、地下、半地上式，而生产中规模化青贮主要以地上式青贮窖青贮为主，本章主要对地上式青贮关键制作技术进行详述。主要包括：准备工作、机械选择、切碎长度、水分检测、压窖技术、喷洒添加剂、密封等步骤。

图4-1　不同青贮形式（左为地上式、右为堆贮）（郭郁频　摄）

一、准备工作

在收获前要了解需要制作青贮的原料数量，青贮制作大约需要的时间。青贮制作前还要选好适宜的青贮收获机械和压窖机械，及时完成青贮收获机械、压窖机械等设备检修和清理工作。在青贮制作前 1~2 天对青贮窖进行清扫并选用 5% 碘伏溶液或 2% 漂白粉溶液进行消毒，消毒后的青贮窖在窖壁铺 8~10 丝的透明膜或 10~12 丝的黑白膜，同时还要准备好镇压物品，如轮胎、沙石袋。

二、机械选择

1. 青贮收获机械选择

青贮玉米收获时使用联合收割机（图 4-2）。根据地块大小选择适宜的机型，一般国产机型适合中小面积的地块，进口机型适合大面积地块。收获机械设备要求收获时切割整齐，并且必须带有籽粒破碎装置。籽粒破碎度至少要达到 70%，达到 95% 更好。

图 4-2　青贮收获机械（郭郁频　摄）

下述几种青贮收获机械，在原料切割、籽粒破碎等性能方面效果较好，是河北省近年来玉米青贮常用的收获机械。具体在生产中要考虑到当地的道路、种植地块的大小灵活选取适宜的机型。各种机械每天收获面积、收获数量及需要的运载车次详见表 4-1。

表 4-1　青贮收获机械性能

收获设备类型	功率（马力）	割幅宽度（毫米）	收获面积（亩 / 小时）	收获量（吨 / 小时）	运载车次（辆 / 小时）
鑫农 9QZ-2000	120	2 400	10	30	1
美迪 9QZ-2900	160	2 900	10	30	1
纽荷兰 FR9040	330	3 500	30	90	3
克拉斯 JAGUAR800	299	4 500	60	200	7
科罗尼 IGX480	360	4 500	60	216	8

2. 青贮压窖机械选择

目前常用的压窖机械为拖拉机或铲车（图 4-3），为保证青贮料的压实密度，压窖机械每次正常作业可压实青贮原料重

图 4-3　青贮制作的压窖机械（郭郁频　摄）

量不应高于单台压窖机械重量的 2.5 倍，即自重 10 吨的拖拉机每次压窖原料重量不超过 25 吨，自重 15 吨的轮式装载机每次压窖原料重量不超过 37.5 吨。对于中小型青贮窖，因窖宽受限，导致压窖设备数量受限，进而导致装窖时间过长。因此应使用更重的压窖设备，提高作业效率，保证压实效果。如自重 22 吨耕地用双轮胎拖拉机等。

三、收获时期

要获得合适的干物质，必须在恰当的时期进行收获。青贮玉米最佳收获期应在蜡熟期，具体判断标准是以籽粒“乳线”的位置为依据，所谓“乳线”是指玉米籽粒上的白色线条，它会随着玉米的成熟从籽粒外缘逐渐向穗轴移动，当乳线移动到籽粒 1/2 时，就应该开始收割了，至 2/3 时收割完毕，此时干物质含量和淀粉含量均在 30% 左右（图 4–4）。

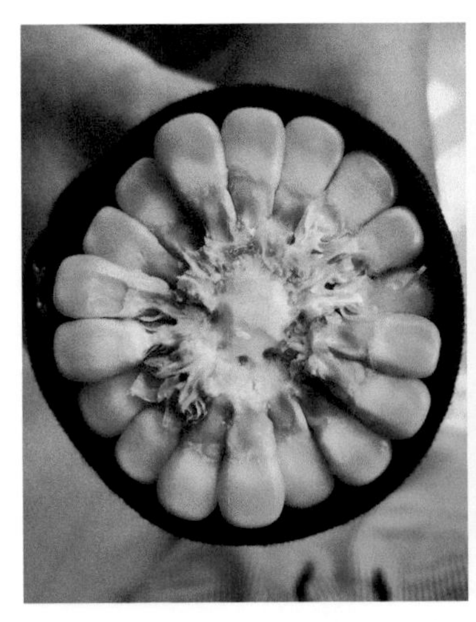
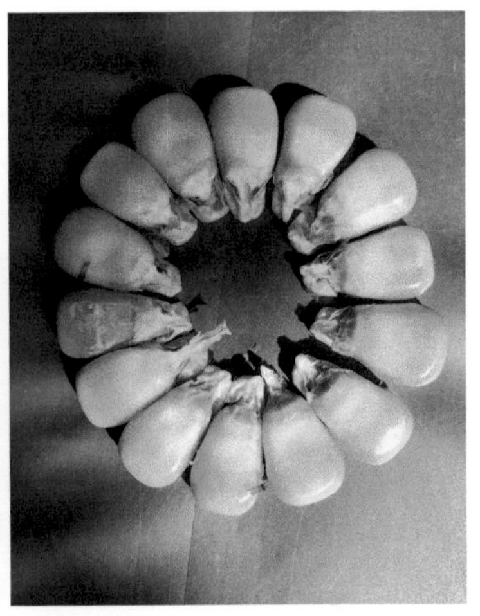

图 4–4　青贮玉米籽粒 1/2 乳线图（郭郁频　摄）

四、水分检测

青贮制作时，原料含水量一般控制在 65%~70%，生产中可采用人工感官判断法和微波加热法进行测定，以确保按时收割。具体方法如下。

1. 人工感官判断法

人工感官判断法判断青贮原料含水量的具体方法为：抓一把切碎的青贮原料，用力握紧 1 分钟左右，如水从手缝间滴出，干物质小于 20%；如指缝有渗液，手松开后，青贮玉米仍成球状，干物质在 20%~26%；当手松开后球慢慢膨胀散开，手上无水，干物质在 26%~35%；当手松开后草球快速膨胀散开，干物质在 35% 以上（图 4–5）。

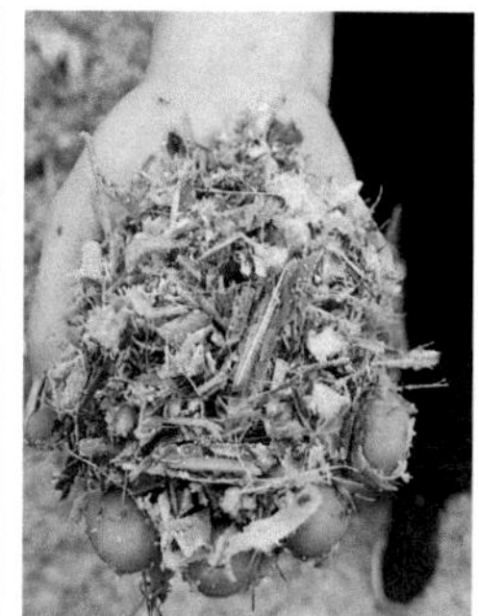

图 4–5　原料含水量的人工感官判断法（张　晨　摄）

2. 微波加热法

根据实际情况，也可采用微波炉加热法判断青贮原料含水量，取切碎的青贮原料鲜样 100~200 克放入微波炉，将微波功率设置为高火，加热 5 分钟，称重，记录重量。重复上一步，当前后两次之间的重量相差在 5 克以内时，换为中火，加热 2 分钟，称重，记录重量。重复操作，当前后两次之间的重量相差 0.1 克以内，结束，记录最终烘干重量。按照以下公式计算玉米植株的水分含量。

全株青贮玉米含水量（%）=（样品鲜重 – 样品烘干重）× 100 / 样品鲜重

注意在烘干过程中，微波炉内放置一小杯水，以防样品着火。

五、留茬高度

收获时，留茬过低会增加青贮玉米木质素与粗灰分含量，造成青贮玉米消化率降低，而且留茬过低还会导致根部泥土带入青贮窖中，造成梭菌发酵产生丁酸；留茬过高则会造成产量减产，经济效益降低。因此，建议实际收获中留茬高度应大于 15 厘米，最佳留茬高度在 30 厘米以上（图 4–6）。

图 4–6　留茬高度为 30 厘米的田间收获图（郭郁频　摄）

六、切碎长度

玉米青贮制作时，青贮玉米原料的切碎长度应控制在0.9~1.9厘米。太长不好压实，太短可能出现酸中毒和腹泻等症状。可用滨州筛检查，取用切碎原料0.5~1千克放入上层，按前后左右4个方向各筛动5次，分别对上、中、下3层称重，以中层粉料占45%~65%为佳（图4-7）。

图4-7　滨州筛检测青贮玉米切碎长度（郭郁频　摄）

七、籽粒破碎度

联合收割机械或切碎机械必须带有籽粒破碎装置，每粒玉米至少破碎为4瓣，以利于动物吸收。经过籽粒破碎的青贮玉米淀粉消化率最高可达到95%以上。籽粒破碎度检查的方法是称取1千克粉料放入水中，滤去碎料及秸秆，水底整粒玉米不超过2个是适宜的籽粒破碎度（图4-8）。

图 4–8　籽粒破碎度判断方法（田树飞　摄）

八、装填和压实

装填和压实工作是青贮制作的关键，为做好装填和压实工作，应着重把握好以下关键步骤。

1. 卸料方法

第一车料的卸料位置是装填工作的基础，第一车料的正确卸料位置应为距离窖头 2 倍窖高处，直接向窖头推料，可一次形成 30°坡面（图 4–9）。

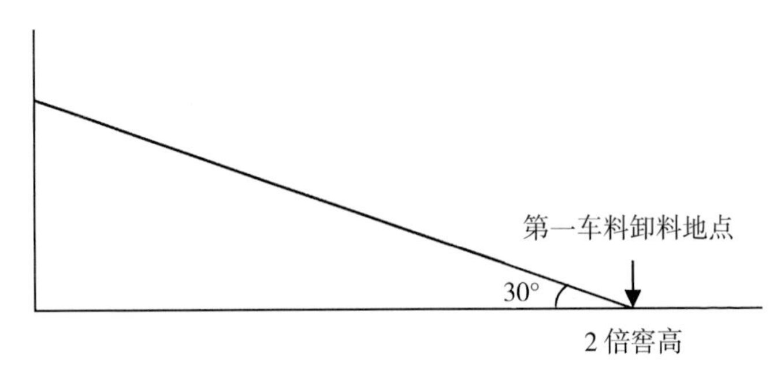

图 4–9　第一车料卸料地点

2. 压窖方式

青贮压实应采用坡面压实方式。坡面的最佳角度为 30°，目的是保证压实设备有效爬坡工作、快速推料，减少青贮接触空气横截面，提高青贮品质。每层铺料厚度以 10 厘米为最佳，因此在推料时，压窖设备的推铲设定高度为 10 厘米。压窖时应做到层层压实，压窖设备应采用 1/2 车辙移位法，且要以≤ 5 千米 / 小时的速度匀速行驶（图 4-10）。

图 4-10　青贮制作坡面压实技术（郭郁频　摄）

3. 压实密度

压窖机械选用自重 10~15 吨的轮式装载机，保证压窖密度在 700 千克 / 米 ^{3} 左右。

压实密度直接影响青贮发酵品质、干物质损失率；密度越大残留空气越少，干物质损失越小。正确压实的青贮，内部温度不超过 30℃。如超过 30℃，说明不完全是乳酸发酵，此时应加喷青贮添加剂，并加快卸料与压窖速度，提高压窖密度，否则会导致青贮品质下降，甚至造成青贮失败。

4. 窖壁压实

大型设备很难压实距离窖壁 20 厘米内的青贮，为保证窖壁压实，应采用“U”字形压窖法。

九、喷洒添加剂

1. 青贮添加剂类型

一般来说，依据对青贮发酵的影响可将青贮添加剂分为发酵促进型、发酵抑制型和有氧腐败抑制剂 3 类。

（1）发酵促进型添加剂。目前生产中常用的发酵促进型添加剂为乳酸菌制剂，又分为同型乳酸菌和异型乳酸菌制剂。由于同 / 异质型乳酸菌优缺点不同，所以青贮添加剂通常将两者复合使用。生产中建议购买使用复合型乳酸菌菌剂，每克青贮饲料上附着的乳酸菌菌落数应在 10^5 个以上。

（2）发酵抑制型添加剂。主要作用是降低青贮原料的 pH 值，直接形成适合乳酸菌生长繁殖的生活环境，抑制其他微生物的生长，以减少发酵过程中的营养损失，来获得品质优良的青贮饲料。目前，应用较多的是乙酸和丙酸，各 0.2% 的组合应用效果较好。

（3）有氧腐败抑制剂。在生产实践中把氧气完全从青贮原料中排出是不可能的，但青贮原料迅速地装填、压实、及时密封再加上良好的管理措施可使青贮饲料的有氧腐败降到最低，添加有氧腐败抑制型添加剂可以抑制有害微生物的活动，从而增强有氧稳定性。主要有苯甲酸钠和山梨酸钾等，可增强青贮饲料的有氧稳定性，显著降低青贮 pH 值、氨态氮、丁酸和乙醇浓度及梭状芽孢杆菌数，苯甲酸钠通过抑制微生物体内的脱氢酶系统，达到抑制微生物的生长繁殖进而起防腐作用，对细菌、霉菌、酵母菌均存在抑制作用。应用苯甲酸钠和山梨酸钾（1∶1）2 克 / 千克具有良好的效果。

2. 喷洒添加剂

添加剂喷洒应与装填压实工作同步进行，喷洒装置一般安装在压实机械上，一般每压实一层就要喷洒一次。其喷洒量应以所使用的添加剂产品推荐量为准（图 4-11）。

图 4-11 添加剂喷洒设备（任永霞 摄）

十、密 封

对青贮窖进行双层密封。先将墙膜回拢，使之与青贮饲料紧密接触，以便排出窖内更多的空气，再覆盖 12 丝厚青贮黑白膜，白色面向外，黑色面向内，边沿处用沙袋进行镇压，上部用轮胎压实（图 4-12）。

图 4-12　青贮窖密封（任永霞　摄）

青贮封窖后的一周内会有 10% 左右的下沉，需派专人管理青贮窖，发现透气等情况需要及时处理。要做好青贮窖的排水，地下青贮窖特别要防止雨水灌入（图 4-13）。

图 4-13　渗液排水（郭郁频　摄）

此外，堆贮因建造成本低，裹包青贮因存放方便，近几年逐渐被国内外大型牧场使用。堆贮制作时，高与底边比例一般在 1∶（5~6），坡面角度不超过 30°，用压窖机械上下来回压实。拉伸膜裹包青贮除需专用设备和拉伸膜外，其他制作要求同窖贮（图 4–14）。

图 4–14　拉伸膜裹包青贮玉米（李　源　摄）

十一、取料与饲喂技术

1. 青贮取料技术

青贮取料时，建议采用青贮取料机进行。取料机可直接将取出的青贮饲料放入运输车或 TMR 搅拌车上，操作简便快捷、节省劳动力、降低成本，取料截面整齐严密，可有效防止二次发酵（图 4–15）。

图 4-15　青贮取料机（郭郁频　摄）

2. 青贮饲喂技术

青贮饲喂时，要及时清理剩在料槽里的饲料，特别是夏季，剩料会发酵产生异味，影响下一轮采食。对于酸度较高的青贮饲料，可在精料中添加 1%~3% 的小苏打。母牛妊娠后期不宜多喂，产前 15 天停喂。

霉烂、劣质的青贮饲料不能饲喂，易引起母牛流产；冰冻的青贮饲料应待冰融化后再喂。饲喂过程中，如发现牛有拉稀现象，应立即减量或停喂；饲喂中要注意检查青贮饲料，及时清理已变质的青贮饲料；还要注意青贮窖防鼠工作，避免把一些疾病传染给家畜（表 4-2）。

表 4-2　推荐青贮饲喂量

家畜种类	饲喂推荐量［千克 /（天・头）］
产奶母牛	15~25
肉牛	10~20
断奶犊牛	5~10
种公牛	10~15
育肥驴	5~12

养殖场在当年青贮时按青贮的需求量多青贮 4 个月的用量，以后逐年可按青贮的需求量青贮，好处是可延长青贮开窖时间，因为一窖好的青贮只有达到 4 个月以后，青贮饲料才完全“成熟”，此时淀粉的消化率高达 90%，大大提高青贮饲料的利用率，降低青贮饲料的损失。

第五章

青贮质量评价技术

一、感官评价

全株玉米青贮质量的感官评价可通过闻一闻、看一看从气味、结构和色泽三方面进行。评分标准和等级见表 5-1 和表 5-2。

表 5-1　玉米青贮质量感官评价标准

	评分标准	得分
气味	无丁酸臭味，有芳香果味或明显的面包香味	14
	有微弱的丁酸臭味，较强的酸味、芳香味弱	12
	丁酸味颇重，或有刺鼻的焦煳臭味或霉味	4
	有较强的丁酸臭味或氨味，或几乎无酸味	2
结构	茎叶结构保持良好	4
	茎叶结构保持较差	2
	茎叶结构保存极差或发现有轻度霉菌或轻度污染	1
	茎叶腐烂或污染严重	0
色泽	与原料相似，烘干后呈淡褐色	2
	略有变色，呈淡黄色或带褐色	1
	变色严重，墨绿色或褪色呈黄色，有较强的霉味	0

引自：德国农业协会评分标准。

表 5-2　玉米青贮质量感官评价等级

等级	质量评价	得分
1	优质	16~20
2	良好	10~15
3	一般	5~9
4	低劣	0~4

引自：德国农业协会评分标准。

二、发酵评价

玉米青贮质量的发酵评价主要通过 pH 值、氨态氮以及有机酸（乙酸、丁酸等）等指标来进行。评价标准见表 5-3。各指标均同时符合某一等级时，则判定为该等级；当有任意一项指标低于该等级指标时，则按单项指标最低值所在等级定级。

表 5-3　玉米青贮质量的发酵评价标准

等级	pH 值	氨态氮 / 总氮（%）	乙酸（%）	丁酸（%）
1	≤ 4.2	≤ 10	≤ 15	0
2	＞4.2，≤ 4.4	＞10，≤ 20	＞15，≤ 20	≤ 5
3	＞4.4，≤ 4.6	＞20，≤ 25	＞20，≤ 30	＞5，≤ 10
4	＞4.6，≤ 4.8	＞25，≤ 30	＞30，≤ 40	＞10

引自：T/CAAA 005—2018 青贮饲料 全株玉米。乙酸和丁酸以占总酸的质量比表示。

三、营养品质评价

玉米青贮饲料营养品质评价主要通过评价中性洗涤纤维（NDF）、酸性洗涤纤维（ADF）以及淀粉含量等指标来进行。评价标准见表 5-4。各指标均同时符合某一等级时，则判定为该等级；当有任意一项指标低于该等级指标时，则按单项指标最低值所在等级定级。

表 5-4　玉米青贮饲料营养品质评价标准

等级	NDF（%）	ADF（%）	淀粉（%）
1	≤ 48	≤ 27	≥ 28
2	> 48，≤ 53	> 27，≤ 30	≥ 23，< 28
3	> 53，≤ 58	> 30，≤ 33	≥ 18，< 23
4	> 58，≤ 63	> 33，≤ 36	≥ 13，< 18

引自：T/CAAA 005—2018 青贮饲料 全株玉米。NDF、ADF 和淀粉含量均以干物质为基础。

第六章

青贮玉米种植效益分析

河北省青贮玉米的种植区域主要分为冀北春播区和冀中南夏播区，本章分别对这两个生态类型区的青贮玉米种植效益进行分析，为广大种植户提供理论参考。

一、春播青贮玉米成本收益

河北省春播青贮玉米为一年一收，青贮玉米以收获地上全株生物量为主，一般亩产在 3.5 吨 / 亩，籽实玉米是以收获籽实为主，亩产量为 0.6~0.8 吨。春播青贮玉米与籽实玉米的种植成本都由土地成本、种子费用、化肥费用、农药费用、机械费用、水电费用以及人工成本组成，而收入不同。春播青贮玉米收入主要来源于养殖场对玉米全株的收购，籽实玉米主要是对玉米籽实的收购。表 6-1 是对春播青贮玉米和春播籽实玉米的成本收益比较。

表 6-1　春播青贮玉米与春播籽实玉米成本效益比较

项目		春播籽实玉米	春播青贮玉米
投入成本	土地（元 / 亩）	900	900
	种子（元 / 亩）	30	30

（续表）

项目		春播籽实玉米	春播青贮玉米
投入成本	化肥（元 / 亩）	120	120
	农药（元 / 亩）	20	20
	机械（元 / 亩）	60	60
	水电（元 / 亩）	120	120
	人工（元 / 亩）	100	40
总成本（元 / 亩）		1 350	1 290
产出效益	单价（元 / 吨）	2 400	500
	产量（吨 / 亩）	0.7	3.5
总收入（元 / 亩）		1 680	1 750
净利润（元 / 亩）		330	460

注：表中数据来源于张家口等地实地调研。

由表 6-1 可知，春播籽实玉米，由于其用途是作为粮食作物，不仅需要收割、还需要脱粒以及晒干等工作，因此其人工成本比春播青贮玉米要高。籽实玉米每亩成本为 1 350 元，按照 2020 年河北省籽实玉米平均价格 2 400 元 / 吨的价格计算，每亩生产 0.7 吨，收入为 1 680 元 / 亩，每亩利润为 330 元。而春播青贮玉米种植成本为 1 290 元 / 亩，按照河北省 2020 年青贮玉米 500 元 / 吨的价格计算，其亩收入为 1 750 元，平均每亩利润为 460 元。

二、夏播青贮玉米成本收益

夏播青贮玉米一般亩产 2~3 吨，夏播籽实玉米一般亩产 0.5~0.6 吨。表 6-2 是对夏播青贮玉米与夏播籽实玉米的成本、收入及利润数据的汇总。

表 6-2　夏播青贮玉米与夏播籽实玉米成本效益比较

项目		夏播籽实玉米	夏播青贮玉米
投入成本	土地（元 / 亩）	450	450
	种子（元 / 亩）	30	30
	化肥（元 / 亩）	100	100
	农药（元 / 亩）	20	20
	机械（元 / 亩）	60	60
	水电（元 / 亩）	110	110
	人工（元 / 亩）	100	40
总成本（元 / 亩）		870	810
产出效益	单价（元 / 吨）	2 400	500
	产量（吨 / 亩）	0.6	2.8
总收入（元 / 亩）		1 440	1 400
净利润（元 / 亩）		570	590

注：表中数据来源石家庄、邢台、保定等地实地调研。

由表 6-2 可知，由于夏播籽实玉米的前茬作物是冬小麦，玉米种植的土地成本可以降为一半，一般为 450 元 / 亩；夏季雨水较春季来说充足一些，因此水电成本降为 110 元 / 亩。夏播青贮玉米亩成本投入为 870 元，平均每亩利润为 570 元。夏播青贮玉米的平均单价 500 元 / 吨来计算，每亩 2.8 吨产量可得平均每亩收入为 1 400 元，可得最终青贮玉米种植总成本为 810 元 / 亩，平均每亩利润为 590 元。

三、青贮玉米种植效益分析

（1）从亩种植成本来看，春玉米由于一年只能种植一季，没有其他作物分摊土地成本，从而导致每亩成本普遍高于夏玉米。而青贮玉米无论是春播区还是夏播区，其种植成本都要比籽实玉米低，主要体现在人工成本的差异，无论春播夏播，青贮玉米成本投入都比籽实玉米每亩节省 60 元，由此可见种植青贮玉米可以节约成本。

（2）从亩净利润来看，无论春播还是夏播，青贮玉米的每亩净利润普遍比籽实玉米净利润要高。其中春播青贮玉米每亩利润比籽实玉米多 130 元，夏播青贮玉米每亩利润比籽实玉米多 20 元。

（3）综合分析得出，与籽实玉米相比，春播区种植青贮玉米效益每亩可达 460 元，夏播区种植青贮玉米效益每亩可达 590 元，经济效益良好。

参考文献

高瑞红，徐嘉，张魏斌，等，2018. 乳酸菌制剂对青贮玉米发酵品质和有氧稳定性的影响［J］. 中国饲料（8）：70-74.

李海，2008. 典型草原天然牧草青贮技术研究［D］. 呼和浩特：内蒙古农业大学.

李少昆，石洁，崔彦红，等，2011. 黄淮海夏玉米田间种植手册［M］. 北京：中国农业出版社.

李新一，刘彬，王加亭，等，2020. 我国饲草供需形势及对策分析［J］. 中国饲料，11：129-133.

孟庆翔，杨军香，2016. 全株玉米青贮制作与质量评价［M］. 北京：中国农业科学技术出版社.

农业农村部畜牧业司，全国畜牧总站，2018. 全株玉米青贮实用技术问答［M］. 北京：中国农业出版社.

欧翔，玉柱，许庆方，等，2018. 山西省三种饲草作物种植模式的效益分析［J］. 草地学报，26（6）：1520-1524.

孙洪仁，赵雅晴，曾红，等，2018. 青贮玉米施肥的理论和技术［J］. 中国奶牛（12）：56-58.

王晓鸣，戴法超，廖琴，等，2002. 玉米病虫害田间手册——病虫害鉴别与抗性鉴定［M］. 北京：中国农业科技出版社.

王亚芳，姜富贵，成海建，等，2020. 不同青贮添加剂对全株玉米青贮营养价值、发酵品质和瘤胃降解率的影响［J］. 动物营养学报，32（6）：2765–2774.

吴秀梅，2016. 小麦套种玉米复种青贮玉米种植模式的效益研究［J］. 现代农业科技（19）：37–39.

徐汉虹，2018. 植物化学保护学［M］. 北京：中国农业出版社.

严萍，张永辉，麦热姆妮萨·艾麦尔，等，2012. 绿叶汁发酵液为添加剂改善玉米青贮品质的研究［J］. 草业科学，29（1）：160–164.

杨普云，赵中华，2012. 农作物病虫害绿色防控技术指南［M］. 北京：中国农业出版社.

玉柱，贾玉山，2010. 牧草饲料加工与贮藏［M］. 北京：中国农业大学出版社.

玉柱，孙启忠，2011. 饲草青贮技术［M］. 北京：中国农业大学出版社.

张宝悦，王激清，刘社平，等，2017. 冀西北地区春玉米膜下滴灌水肥一体化技术试验［J］. 湖北农业科学，56（6）：1019–1022.

中国农业科学院植物保护研究所，中国植物保护学会，2015. 中国农作物病虫害［M］. 北京：中国农业出版社.

朱志明，徐玉鹏，闫旭东，2001. 北方农区苜蓿、小黑麦 + 玉米青贮生产模式的效益分析［J］. 草业科学，18（4）：10–14.

Goff B，冯葆昌，高秋，等，2017. 美国紫花苜蓿与玉米轮作的效益分析［J］. 世界农业（8）：199–201.